Es cuestión de Almas

Basado en los estudios de dr. Rivka Bertisch Meir
1941-2014

Publicado en miami, 1 de marzo de 2019

El contenido de este libro es propiedad de dr. Michael Meir, Point in time Therapy PITT™ -
todos los derechos reservados - 2016

Prohibida su reproducción total o parcial sin autorización expresa del autor.

Depósito legal: DC2020000073

www.drmichaelmeir.com

Point in Time Therapy PITT™ all rights reserved - 2016 contacto: Dr. Michael Meir phone: 305-682-8755

e-mail: michael@drmichaelmeir.com

Transformación, cambio y crecimiento es fundamentalmente un proceso de desaprendizaje de lo que sabemos e interpretamos de la vida. Es una constante reprogramación mental y de toma de decisiones.

CONTENIDO

Dedicatoria	11
Prefacio del autor	13

CAPÍTULO I
INTRODUCCIÓN A POINT IN TIME THERAPY (PITT™)
"La Bio-Computadora" — 19

CAPÍTULO II
CIENCIA, MÍSTICA Y EXPRESIONES DEL ALMA — 25
Re-escribir el pasado cambia mágicamente el presente — 30
Algo mas sobre almas — 31

CAPÍTULO III
PERSONAJES FAMOSOS — 33
Reencarnación y religiones — 36

CAPÍTULO IV
ARCHIVOS O MEMORIAS — 41
Preguntas fundamentales para el lector — 43

CAPÍTULO V
INVITACIÓN — 51

CAPÍTULO VI
PLANETA ESCUELA — 55
Casos — 61
Con tantas técnicas que existen... — 63
¿Por qué utilizar PITT™? — 63
También aplicamos PITT™ para — 64

CAPÍTULO VII
LA TÉCNICA — 65
Aplicación de PITT™ — 68
Más para tener en cuenta de PITT™ — 69

CAPÍTULO VIII
Creencias Fijas   71
Común Denominador   74

BIBLIOGRAFÍA   77

BIOGRAFÍA DR. MICHAEL MEIR   86

Es cuestión de Almas

Dr. Michael Meir

Perdón señor, me acerqué a usted pues al mirarlo de lejos me parece conocerlo, como si fuera de mi familia… como si fuera de toda la vida… Pero ¿cómo es posible? No hablamos el mismo idioma, no somos del mismo lugar…venimos de sitios distintos… ni siquiera temenos conocidos en común… ambos parecen como si fueramos muy cercanos… No puedo entender cómo es que siento que nos conocemos, pero por los "hechos" es imposible…

Querida no entiendo por que a veces me tratas como a un niño… Como si fuera tu hijo… Mi hijo me trata y me cuida como si yo fuera su hija…

Acabo de llegar de visita a este país… siempre quise me atrajo visitarlo y no se por que… Y este sitio… Es como si hubiera estado frente a esta casa, incluso las flores y el aire me resultan tan mios… no tengo ninguna relación con estos lugares, idiomas distintos, no conozco a nadie y sin embargo me siento tan a gusto y es como si hubiera vivido aquí otras veces… ¿tal vez otro deja-vu?

Tengo necesidad de ir a ese lugar… es como si me estuviera llamando… es una cultura distinta y muy lejos de donde nací o donde mi familia vivió toda la vida… no me explico por qué…

Ya tengo 35 años y hay cosas que pese a otras terapias no he solucionado. Precisamente en todos los momentos difíciles que he tenido incluyendo accidentes y cirugías siempre sentí que había un ser que me protegía y me salvaba, que constantemente estaba conmigo cuando debía tomar una decisión… Supe recién a los 13 años que había perdido a un hermano que nació 2 años antes que yo… Siempre me lo ocultaron. Con PITT™ pude darme cuenta que era esa alma que nunca me dejo… Y desde entonces mi vida cambió y pude resolver todo lo que se repetía en mi vida sin causa aparente y que nunca quise que sucediera.

DEDICATORIA

A Rivka Bertisch Meir, PhD, MPH (1941 – 2014)
A medida que escribo estas palabras, me pregunto: ¿Se pierde realmente al ser amado? Por supuesto que no. Hay un sin fin de deseos y sentimientos balanceándose desde la profunda certeza material a la infinita espiritualidad.

A veces tan real y otras sólo expresión de deseos...

He perdido su compañía, sus enseñanzas, el sonido de su voz corriendo a recibirme cada vez que volvía de mi trabajo.

He perdido su sonrisa corriendo cada vez que la llamaba. Perdí el tocar de sus manos entrelazadas entre las mías.

He perdido a la persona que en este mundo podía ver los ojos día y noche sin importar la hora. Siempre feliz de darme animo o inspirarme a lo mejor.

Rivka me hacía vibrar con una incomparable sensación de estar cuidado y amado.

Aunque sigo sus enseñanzas, nunca ceso de perseguir nuestros sueños, siempre sentiré el vacío que ella dejó con su partida.

Gracias Rivka. Gracias Di-s por enviarme un alma gemela así, al debido tiempo de mi vida... Nos impulsamos mutuamente a la acción y a lograr cuantas más metas pudimos.

A veces, olvido que no puedo buscar más su sabiduría, pero en su lugar confío en sus palabras y los recuerdos de días que han pasado. Lucho por recordarlo todo. Trato furiosamente de revivir nuestros juegos internos, nuestras miradas de comprensión y de complicidad casi infantil.

Cierro mis ojos y viajo a mis ayeres cuando tenía a mi Rivka en este mundo.

Estoy seguro de que ella está donde merece estar... en la luz.

–Michael Meir

PREFACIO DEL AUTOR

Sí, es una cuestión de almas, pues de eso se trata la vida, y el método que aquí expongo tiene como fundamento o al menos considera las almas como elemento rector de esta teoría y su práctica. Sin la presencia y guía de un alma, PITT™ sería como hablar de casos de generación espontánea o solamente de coincidencia de memorias y hechos... pero nada es casual.

Mucha gente se debate si existe la vida después de la muerte o cómo seguimos viviendo después de que morimos. El concepto de alma difiere de persona a persona y está generalmente influenciado por la educación, la religion, la experiencia y la influencia del medio. El alma constituiría la esencia de cada individuo, la matriz espiritual e inmortal, no sólo lo que perdura cuando dejamos el mundo físico, sino también lo que originó nuestra presencia en este mundo.

La idea del alma también está vinculada con el concepto o la creencia de una vida futura y la creencia de la existencia, de alguna forma continua y progresiva de vida después de la muerte.

Etimológicamente entendemos psicología como el estudio (logos) del alma (psiquis), definición que se ha deformado, pues actualmente ese area del conocimiento humano se ha centrado en la mente. Recordemos que alma y mente estan siempre ligadas y son mutuamente dependientes.

El alma sería un último principio animador transicional de vida a muerte y nuevamente a la vida, por el cual pensamos y sentimos, prescindiendo del cuerpo.

El paradigma científico más aceptado en la actualidad no reconoce esta dimensión espiritual de la vida, aunque en los últimos años se ven algunos cambios. Los científicos afirman que solo somos la presencia y actividad del carbono y algunas proteínas, siendo la vida algo consistentemente temporario.

Los enigmas hasta el momento son irresolubles para ambas corrientes de pensamiento. Pero el conocimiento es el preludio de la sabiduría, y estimo que pronto nuestra cosmovisión se pondrá al día con los hechos.

Se dice que el cuerpo material es el vehiculo del alma y a través del cuerpo el alma se manifiesta. Al mismo tiempo, se afirma que la mente es el nivel en el que tanto el alma como el cuerpo se conectan. Nuestro porceso de crecimiento, aprendizaje y desarrollo personal se reflejarán en cuerpo y alma simultaneamente. A diferencia del cuerpo, el alma es imperecedera.

El filósofo griego Platón, creía que las almas como entidades viejas o permanentes, recordaban todo lo que ya conocían antes de nacer, por lo tanto, no aprendiamos nada nuevo. La ciencia en general especialmente la psicología y las neurociencias no aceptan esta idea y dudan de la existencia del alma.

Descartes creía que el alma contenía también nuestros pensamientos. También describía que el cerebro es físico, mortal y divisible, mientras que el alma sería inmortal e indivisible, estipulando estos dos elementos como totalmente distintos.

Sin entrar en temas religiosos, y como verán más adelante no es necesario creer en reencarnación para aplicar el método motivo de este libro, debemos tomar conciencia al menos de nuestras palabras o de lo que deseamos expresar cuando decimos "vida después de la muerte". Si hay un después, también hay un antes.

Aparentemente lo material posee más importancia y valor, simplemente por que conocemos más de ello, mientras que del alma no hemos tenido comprobaciones contundentes. Continuamos sobreestimando lo físico o material pues es más tangible y creemos haber hallado la clave o explicación al misterio de la vida misma. Existe aún mucha distancia entre la materia y lo metafísico.

Si muerte significa la interrupción o cesación de funciones que nos dan las características de relación con otros y con nosotros mismos en este mundo, ¿cómo es posible que digamos: vida después de la muerte?

Tal vez tenemos un deseo profundo, inconsciente y atávico de perdurar o "seguir" viviendo, o de trascender alguna forma, pues solo nuestra concepción y realidad del tiempo hacen que vida tenga un principio y un final, y a este último le escapamos, lo negamos. Una de tantas expresiones de ello es en nuestro hablar diario, en la forma en que nos referimos a la muerte, al describirla o nombrarla.

Es tiempo de entender, que el plano al que siempre se refiere el ser humano cuando habla de vida/muerte, es al plano físico en esta tierra y al corporal del vehículo o recipiente que es nuestro cuerpo que expresa solo en parte, aunque pequeña la realidad de lo que llamamos vida.

Lo que vive y perdura después de la muerte física es el alma que vuelve al creador o a su fuente. Es el alma que tomó literalmente nuestro cuerpo, el alma que recordamos es el alma a la que recurrimos cuando necesitamos o añoramos, es el alma que puede comunicarse o manifestarse de distintas formas, es el alma que nos deja esas memorias imperecederas, es al alma que rezamos para su mejoría y evolución en su nuevo estado y en preparación para su vuelta a este mundo.

¿Se imagina usted si viviéramos plenamente con este concepto de viaje o evolución del alma? Si tuviéramos esto totalmente incorporado a nuestra mente y comportamiento, tendríamos más conciencia del motor que guiado por lo divino nos impulsa a vivir. ¿Cómo seria nuestra vida, nuestras relaciones y la visión de lo que debemos hacer y el cómo? Estaríamos ocupados solamente en hacer el bien, ayudar siempre al prójimo. No existiría la competición por todo, el materialismo sería secundario, pues todas nuestras acciones se enfocarían a evolucionar la parte de nuestra vida que seguirá existiendo y que luego volverá a otro cuerpo para continuar su evolución.

Esta tarea de facilitar el progreso de nuestra alma podría constituir un gran salto en la evolución del ser humano.

•••

En el año 2005, Rivka Bertisch Meir, PhD, MPH, LMHC presentó, en Saybrook University, una tesis con la que obtuvo su tercer doctorado en Psicología. Esta tesis, defendida ante distinguidos miembros de la Universidad y de la American Psychological Association, se tituló: "CHANGING ONE'S LIFE STORY": A Multiple Case Study, ("CAMBIANDO LA HISTORIA DE UNA VIDA": Estudio de casos múltiples).

En esta tesis, Rivka hablaba de "presuntas vidas pasadas". Utilizó la palabra "presuntas" pues aún no se poseían comprobaciones científicas sobre memoria celular y ADN (genética) y cierta aceptación en los círculos en los que presentamos esta experiencia luego de de varios años de aplicarla con individuos.

El siguiente es el texto original de la introducción a esa tesis traducido al español (Texto original en inglés en la página XX, Anexo 1)

Esta propuesta examina casos de estudio para determinar si una guía de entrevista terapéutica puede ser usada como herramienta de intervención para producir cambios de creencias, comportamientos y actitudes. El propósito de la intervención es ayudar a los pacientes a identificar las creencias fijas que perpetúan los patrones de comportamiento, que se conceptualiza aquí como "reescribir el código", o "recodificar el comportamiento".

Este enfoque usa la técnica de regresión para lograr el acceso a memorias de experiencias traumáticas en tres períodos: temprana adultez, niñez (previo a los 6 años) y experiencias de presuntas vidas pasadas. El uso de técnicas de regresión permite el acceso a eventos traumáticos que fueron malinterpretados al momento de suceder y se han convertido en patrones de conducta nocivos.

Este estudio examinará la pregunta de investigación: ¿"Recodificar" o "reescribir" la historia de nuestra vida puede cambiar la conducta del su-

jeto y su actitud? Siete sujetos cuyos casos han sido resistentes a otros tipos de terapia participarán en 5 sesiones terapéuticas de 2 horas. El estudio examinará la efectividad de una intervención individualizada (guía de intervención terapéutica) para ayudar a los clientes a obtener información de creencias fijas y como éstas afectan la conducta. Los cambios en creencias y conductas antes y después del tratamiento serán medidos utilizando elementos de la "International Classification of Functioning" de la Organización Mundial de la Salud".

Lo más importante a destacar es que su teoría de **Creencias fijas y Patrones de Conducta** que ella misma enunció y publicó en 1982 son parte integral y básica del método que aquí exponemos y que por primera vez desde la presentación de la tesis recibió el nombre de PITT™.

Desde la publicación oficial de la tesis no han pasado muchos años, pero han sucedido muchas cosas que apoyan esta tesis. He participado en numerosos entrenamientos de esta técnica, Rivka aplicó en mí muchas veces regresión y he obtenido resultados extraordinarios, hemos conducido juntos muchas sesiones de regresión individuales y grupales desde que comenzamos a trabajar juntos en 1990. Siento la obligación profesional y especialmente el cumplir con una promesa de poner PITT™ a disposición de los profesionales de la salud y del público en general como una herramienta más del arsenal terapéutico, con la premisa de que es un método invaluable capaz de solucionar problemas de raíz, definitiva y rápidamente, y especialmente aquellos conflictos que no se han resuelto con otros métodos.

También quiero contribuir a clarificar que, aunque no hay actualmente instrumentos que puedan validar el método científicamente en un cien por ciento, es parte de la labor profesional utilizar herramientas que contribuyen al bienestar humano.

CAPÍTULO I

INTRODUCCIÓN A POINT IN TIME THERAPY (PITT™)
"LA BIO-COMPUTADORA"

A través de la re-encarnación física, el alma puede reparar las malas acciones de vidas anteriores y alcanzar una mayor integridad.

Como seres humanos tenemos el derecho de sanar cada una de nuestras enfermedades y padecimientos. Eliminar las causas de nuestro resentimiento aprender a perdonar, impulsarnos a la acción y desarrollar todo el potencial que poseemos

Por mucho tiempo llamada Terapia de Regresión a Vidas pasadas, PITT™ ofrece una técnica precisa para acceder a vivencias olvidadas, a determinados y precisos momentos (Point in Time Therapy™) del pasado, sea de esta vida o de vidas pasadas, así como también a vivencias grabadas en la memoria de ancestros o de donantes de órganos.

Estos elementos no solo constituyen la personalidad actual, sino también determinan nuestra conducta, las cosas que vivimos y que sufrimos en el presente y que en realidad son todas las que debemos superar.

Considerando que el método es terapéutico y con que con él se obtienen claros y sorprendentes resultados, no es la intención de esta publicación ni del método en sí mismo el hablar o demostrar si la reencarnación existe o no.

Explorar vidas anteriores o experiencias muchas veces olvidadas pero grabadas en nuestro subconsciente y memoria celular ofrece una nueva comprensión, como otra perspectiva y dimensión de nuestro propio carácter y personalidad.

Quien se someta a esta terapia repentinamente sabrá porqué ciertas cosas o lugares le atraen, o porqué le interesan determinadas cosas o porqué reacciona de forma automática a determinadas situaciones. Descubrirá porqué algunas de las personas que lo rodean son muy amigos, o rivales.

No sólo es posible relacionar estas experiencias y las decisiones tomadas en ese "preciso momento" con las situaciones o dolencias actuales, es también posible revertirlas; cambiando nuestra situación actual.

El método le permitirá liberarse de ataduras, pensamientos reprimidos y creencias que no puede explicarse en el presente y al hacerlo cambia positivamente para su bien y de sus seres queridos.

PITT™ brinda alternativas u oportunidades eficaces para combatir muchos problemas. PITT™ es una técnica invaluable para el conocimiento personal, y especialmente para descubrir e impulsarnos a nuestro propósito de vida. PITT™ en sí misma es un cambio de paradigma, tanto en la terapéutica actual como en la facilitación de la transformación personal.

Si bien esta terapia está relacionada y trabaja con vidas pasadas, NO es necesario creer en la reencarnación. PITT™ no entra en conflicto con ninguna creencia religiosa u otra que pudiera tener la persona objeto de esta terapia.

Es de aclarar que PITT™ no utiliza hipnosis *(solo una inducción hipnótica al comienzo)*. El participante recuerda y revive situaciones, traumas olvidados, que aún actúan de alguna manera, y que están grabados como en una computadora "bio-computadora". PITT™ accede a estas memorias "chips" y hace disparar el recuerdo de esas situaciones que se deben resolver. Previamente el paciente con la ayuda del terapeuta decide cual o que es lo que se debe resolver.

Muchos participantes muestran solo interés o curiosidad por conocer quienes fueron en el pasado, y es interesante. Nuestro verdadero propósito se dirige más allá, nos enfocamos generalmente a un conflicto enfermedad o situación repetitiva específica que es donde el método muestra su mayor eficacia.

El descubrir la secuencia de hechos que lo llevan a la realidad actual es como armar un rompecabezas que le permite reescribir toda esa estructura facilitando el cambio de situaciones en el presente.

En uno de los libros que ya publicamos y que fue best-seller, cuando hablamos de curación decimos "Dos cosas no pueden ocupar el mismo sitio y al mismo tiempo", significa que con PITT™, en cuanto se remueve una experiencia que le afecta en la actualidad, ese espacio es ocupado por una nueva "creencia" (belief) una nueva conducta o actitud que lo acercan más a la felicidad, sus objetivos presentes y especialmente su propósito de vida.

CAPÍTULO II
CIENCIA, MÍSTICA Y EXPRESIONES DEL ALMA

PITT™, regresión a vidas pasadas, memoria celular, transmitido de padres a hijos, o transmitido celularmente. Como Ud lo interprete mejor...

Analicemos las siguientes situaciones:

- ¿Cuántos hemos tenido sueños recurrentes o repetitivos?
- ¿Es posible que hayamos vivido otras vidas?
- ¿Cuántos se han sentido muy familiares con un sitio donde jamás habían estado, o al conocer alguien parece que han estado con esa persona toda su vida?
- ¿Han percibido perfumes u otros olores que les evocan sensaciones y sentimientos que no habían sentido por mucho tiempo?
- ¿Cuántos de ustedes sienten un rechazo hacia un hijo, un padre, o un hermano y no se lo pueden explicar y no lo pueden superar?
- ¿Cuántos de ustedes sienten que tienen facilidad para aprender algunas cosas, o que saben algunas cosas sin haberlas estudiado?
- ¿Es posible que en la vida presente estemos influidos por traumas no resueltos en vidas anteriores?
- ¿Es posible que síntomas y conflictos actuales puedan desaparecer al experimentarlos y modificarlos en otra vida?
- ¿Es posible que nuestros seres queridos y colaboradores también cambien cuando nosotros cambiemos y sin pronunciar palabra?
- ¿Es posible que en la vida presente reaccionemos en ciertas situaciones sin saber que corresponden a traumas o conflictos que no hemos podido resolver en un preciso punto en el tiempo de otra vida?
- ¿Es posible que síntomas actuales puedan resolverse y desaparecer cuando re-experienciamos ese conflicto o evento acaecido en un momento determinado en el tiempo posiblemente en vidas pasadas?

- ¿Es posible que re-experimentando ese punto en el tiempo y revirtiendo los resultados negativos también la gente que nos rodea cambie, incluso sin que ellos lo sepan?
- ¿Hemos vivido otras vidas antes de ésta?
- ¿Es posible que hoy, en nuestra vida presente, reaccionemos sin saberlo, al influjo de antiguas emociones no resueltas? ¿Y que pertenezcan a determinados momentos de nuestro pasado, sea de esta vida o pasadas?

No sólo es posible relacionar estas experiencias y las decisiones tomadas en ese "preciso momento" con las situaciones o dolencias actuales, es también posible revertirlas, logrando así cambiar nuestra situación actual.

Imagínese creando y viendo una nueva perspectiva de como Usted ve los problemas diariamente y sin estrés. Aumentar su autoestima, claridad mental y creatividad que todos nos merecemos y deseamos.

¿Cómo se sentiría Usted si pudiera vivir libre y apasionadamente, si pudiera gozar plenamente de la vida y sin la carga que le impone el resentimiento, la culpa, los miedos, dolor y un sinfín de cosas que carga en sus espaldas sin siquiera conocerlas?

Imagínese ahora lográndolo y transpórtelo a todos sus seres queridos y colaboradores.

¿Cómo sería el paradigma de una sociedad con esta nueva estructura mental y espiritual?

Los que participan de esta técnica aprenden que el mismo conflicto se repite una y otra vez, vida tras vida, es simplemente una repetición del pasado.

En el momento que aplicamos el método correspondiente, no solamente lo borramos del pasado, sino también lo borramos del presente, creando una nueva realidad. **"Se repite vida tras vida hasta que lo aprendemos"**, **"Volvemos para tener la misma lección y superarla, es como otra oportunidad que tenemos para evolucionar"**.

Si bien la creencia y/o aceptación de vidas pasadas y reencarnación ha sido conocida por siglos, los métodos de investigación y comprobación son recientes, especialmente teniendo en cuenta los avances en genética, casos de individuos que recibieron transplantes –especialmente cardíacos– y otras investigaciones científicas de muy alto nivel.

PITT™ actua como borrando un archivo en la computadora y reemplazandolo por otro más efectivo, que produce mejores beneficios y también unión y felicidad. Más adelante volveré a hablar de "Bio-Computadora", ADN y genética entre otros elementos que explican este tema y le dan un marco científico y más racional.

Point in Time Therapy (PITT™) o Terapia de un Punto en el Tiempo, se imbrica o amalgama con lo que se llamaba Regresión a Vidas pasadas, y es parte de ella.

PITT™ no se trata del pasado, sino de como cambiar el presente ahora.

Lo importante es sanar los recuerdos y vivencias que están permanentemente archivados o impresos en todas nuestras células, para que, en la vida presente, se pueda vivir mejor y más satisfechos, felices de nuestros logros y relaciones, sabiendo dominar y prevenir situaciones que nos pueden desviar de nuestro propósito de vida.

Identificar nuestros comportamientos o conductas en etapas anteriores es un instrumento poderoso para obtener claridad, una nueva comprensión y otra dimensión a su vida actual. Permite reconocer y abrazar al ser eterno y ayuda a quitar las máscaras que nos hemos puesto a través del tiempo.

Cuando un individuo se encuentra en camino a realizar su propósito de vida completa su pasado, da y recibe mucho afecto y agradecimiento; no se siente víctima y toma responsabilidad por su realidad, está en condiciones de ver nuevas oportunidades en todas las áreas y lo que es crucial: puede perdonar y ser perdonado, borrando así uno de los elementos que más nos obstaculizan en la vida.

Con PITT™, los miedos desaparecen y también desaparecen los prejuicios, complejos de inferioridad y el sentimiento de separatismo. La sensación de aislamiento se disuelve. Lo importante es que la autoestima aumenta y también aparece un gran sentimiento de integración y unión con todos los seres queridos y con el resto del mundo.

Durante el aprendizaje y práctica de PITT™ se hace mucho énfasis sobre el principio de acción y reacción, creencias y patrones de conducta, también en inercia, hiperactividad y balance a nivel de los planos físico, mental, emocional, económico y espiritual.

Re-escribir el pasado cambia mágicamente el presente

PITT™ se aplica individualmente, en familias o en grupos. La ventaja de hacerlo en grupo es que éste actua como una caja de resonancia, porque cada uno de los participantes aprende de las experiencias y el compartir de otros participantes.

No sólo es otra óptica o perspectiva con la que se observan los problemas o conflictos, ahora estos tienen otro tipo de solución.

Todo lo que descubrimos durante un tratamiento o sesión de PITT™ es para impulsarnos a la acción, utilizar todos nuestros recursos, para desarrollar todo el potencial que poseemos y que nos hemos olvidado que lo tenemos al alcance de nuestros dedos. Es tiempo de re-descubrirlo, es el tiempo de merecer lograr nuestro éxito, especialmente en esas áreas en las que tantas veces hemos fracasado, incluso cuando nos habíamos propuesto nunca más repetirlo.

Usted descubrirá que lo que más se ha repetido en su vida es lo más indicado a solucionar con PITT™.

Algo mas sobre almas

El Cuerpo es el instrumento del alma
Aristoteles

Hay quienes aseguran que las almas ascienden al cielo, también quienes oran por su evolución. ¿Si permanecen en el cielo, ellas vuelven? Y si ellas evolucionan, ¿para qué regresan? En este caso ¿en qué grado de evolución volverían?

Si alguién falla en sus estudios y repite la materia o todo el año, sus compañeros avanzan, pero él fue retrasado en ese camino de estudios.

Algunos piensan que la reencarnación es como repetir un año en la escuela: mientras que algunas almas se gradúan al próximo mundo, otras se envían de vuelta para rectificar las cosas.

Los graduados teóricamente serían aquellos que completaron las lecciones de vida por las cuales vinieron inicialmente, o aquellos que llegaron a desarrollar su propósito de vida.

Tu alma tiene múltiples gigabytes de energía espiritual y potencial divino. Este es el poder que Di-s ha investido en usted para cumplir su misión en la vida. ¿Usas ese potencial haciendo buenas acciones y dando la mano a otros? Cada acto de bien activa otro gigabyte de la energía de tu alma.

A cada ser humano se le ha asignado un numero preciso de días durante el paso por este mundo para utilizar sus gigabytes.

Al terminar el ciclo de facturación, (o al momento de concluir la vida en el planeta tierra) las partes activadas de tu alma irán, ascenderán o evolucionarán a un lugar más alto (cielo/otros planos universales o divinos), porque esa parte de ti ha completado su misión/propósito en la tierra. Pero todo aquel potencial de alma no utilizado, si no activó toda la energía invertida en usted o si no aprendió las lecciones que debía aprender, para esa parte no utilizada de su alma el destino es regresar nuevamente a otro cuerpo para completar el trabajo; es otra oportunidad en el camino de evolución.

Es así que para algunas religiones tiene sentido rezar por las almas que partieron, pues tal vez, a las que les corresponde permaneceran allí siempre. A las otras almas o en cuanto a la parte no utilizada de un alma, volverá a bajar a otro cuerpo para cumplir con otra ronda de oportunidades.

CAPÍTULO III
PERSONAJES FAMOSOS

Antes de enumerar los elementos históricos a nivel científico, religioso y de la práctica en sí del abordaje a vidas pasadas, o presuntas vidas pasadas, veamos algunos personajes famosos que lo consideraban o daban por sobreentendido.

Estos creían en vidas anteriores o atribuyeron situaciones personales como que eran vestigios de vidas anteriores. Links con videos y referencias están disponibles en nuestra página de internet: www.pointintimetherapy.com

- Henry Ford, conocido en el mundo entero, nació en 1863 y falleció en 1947, fue un gran inventor y visionario y él decía que algunas almas son más ancianas que otras.
- El General George Patton, héroe americano de la Segunda Guerra Mundial, dijo que él recordaba haber luchado en distintas batallas a través de la historia, en Grecia, en Roma, y también declaró que esa conflagración sí la iba a ganar, que merecía un triunfo para él y tomaba la responsabilidad, y esa fue su lección de lograr un triunfo para su país.
- Benjamín Franklin, que vivió desde 1706 hasta 1790, decía que siempre el ser humano tiene posibilidad de corregir errores en su próxima vida.

Y hay muchos más personajes, hasta magos famosos como Henry Houdini, que apoyaron esta teoría de regresión a vidas pasadas. Ellos no hablaban de regresión, hablaban de reencarnación, pero como lo he dicho anteriormente, no es necesario creer en reencarnación. PITT™ es una téc- nica que llega a niveles más profundos y debemos recordar que no se trata del pasado, sino de cambiar nuestro presente rápidamente, descubrir cuál es nuestro propósito de vida y tomar acción para lograrlo.

Tanto los científicos como la comunidad médica han comenzado hace tiempo a examinar la conexión entre conciencia, mente y cuerpo. No debemos olvidar que son varias las religiones que creen y toman como parámetros básicos la reencarnación o la certeza de la existencia de vidas pasadas y también muchos aspectos de la existencia o evolución de las almas.

Los primeros trabajos en regresión comenzaron con Sigmund Freud y su creencia de que el inconsciente puede promover curación de la mente consciente (Schultz 1981). Luego, los conceptos de Freud sobre regresión comienzan a utilizarse para a desenterrar memorias tempranas de la niñez. Por supuesto que Freud solo se enfocó en la niñez y no en presuntas vidas pasadas.

Desde el comienzo de los años 70, la evocación de experiencias de vidas pasadas toma más popularidad. Cuatro publicaciones centrales fueron publicadas al final de los años 70:

- Life Before Life by psychologist Helen Wambach (1979) incluye compilación de datos entrelazados con experimentación histórica.
- En 1978, Edith Fiore, una psicóloga clínica, publicó "You Have Been Here Before", que explora presuntas vidas pasadas en sus pacientes valiéndose de las memorias que ella provocaba en sus pacientes.
- Netherton and Shiffrin (1979) publicaron "Past Lives Therapy" basado en el concepto de "bridging" / Conexión.
- Dethlefsen's (1977) publicó "Voices from Other Lives" con el que tuvo gran influencia particularmente en los psicólogos europeos.

Reencarnación y religiones

La reencarnación es un concepto procedente de la espiritualidad oriental, y afirma que el espíritu debe desvincularse del cuerpo material en el que reside.

Por definición reencarnación entiende que es el alma del hombre que pasa un número de veces a través de varios cuerpos despues de la muerte de cada uno de los cuerpos. O sea que acepta la existencia de un alma independiente de un cuerpo material perecedero.

Los postulados reencarnacionistas buscan respuestas a problemas existenciales como el orígen del mal, la existencia de desigualdades en la sociedad, el porqué del sufrimiento, muertes a temprana edad, el probable sentido de la justicia después de la muerte.

En general esto puede ser visto como que las religiones suelen dar explicaciones, sin la intención de hacerlo, a realidades humanas sobre las cuales no hay respuestas racionales o explicaciones científicas.

Lo científico no existía cuando las primeras religiones monoteistas surgieron en la faz de la tierra. Aquí distinguimos a el Judaísmo el Cristianismo y el Islamismo (en órden de aparición en la sociedad).

Uno de los primeros en exponer en el cristianismo la idea de resurrección fue Pablo de Tarso quién planteó la apocatastasis (griego) que significa restablecimiento o retorno de las cosas a su punto de partida. Precisamente la definición de resurrección es completamente distinta a la de reencanación. Resurrección significa reunificación del alma con el cuerpo anterior (reconstruido nuevamente) en el "Mundo por Venir".

Para el Hinduismo la reencarnación tiene el proposito de "pagar por obras o hechos que hicieron en el pasado". Intrducen aquí el conocido concepto de Karma, o los actos cometidos en una vida se repiten en la siguiente hasta alcanzar la perfección. El karma en la vida presente tiene el mismo sentido.

Para el Judaismo ya existe la creencia de reencarnación la cual es reforzada en la liturgia diaria. Y expresado parcialmente como "eternidad del alma", "recompense y castigo divino" y futura resurreccion de los Muertos.

En el Judaismo puede decirse que la reencarnación tiene dos apectos fundamentales: uno es para arreglar cosas no solucionadas o superadas en la vida previa y para perseguir un estado de perfección nuevo y más elevado que el alcanzado previamente. La reencarnación es un tiempo de reparación para perseguir la evolución.

La comprensión judía de la reencarnación es diferente de las doctrinas budistas. De ninguna manera conduce al fatalismo. En cada punto de decisión moral en su vida, un judío tiene libre elección complete o libre albedrío. La reencarnación no implica predeterminación. Es, más bien, una oportunidad para la rectificación y la perfección del alma. Este area de reencarnacion esta ampliamente elaborado en el misticismo Judío conocido como Kabbalah.

Cada judío debe cumplir cierta cantidad de mandamientos o preceptos, y si no tiene éxito en una vida, regresa una y otra vez hasta que termina. Por esta razón, los eventos en la vida de una persona pueden llevarlo hacia ciertos lugares, encuentros, etc. De maneras que pueden o no tener sentido. La providencia divina brinda a cada persona las oportunidades que necesita para cumplir con esos preceptos particulares necesarios para la perfección de su alma. Pero la responsabilidad recae en nosotros. En el momento real de decisión en cualquier situación dada, la elección es nuestra.

De mas reciente concepción son las creencias que datan de la Edad de Hierro, alrededor del año 1200 ACE. Las raíces filosóficas de este pensamiento se levantan de la antigua Grecia y la India, y se adoptaron a principios de las religiones orientales del Budismo y el Jainismo (Antigua religion Hindú). Más tarde, cuando el budismo se extendió a Asia, los taoístas chinos adoptaron la creencia.

En los himnos védicos de las antiguas escrituras del Hinduismo, se pensaba que los humanos continuaban existiendo después de la muerte como una persona completa (resurrección), a esa altura la idea de la reencarnación no estaba presente. Así que a principios del Hinduismo se creía en una existencia celestial limitada y no de un retorno a una entidad terrenal. Hubo un período de transición en el que nuevas ideas se incoporaron; por ejemplo, debido a experiencias y sacrificios acaecidos en una vida presente, despúes de la muerte una persona podría volver a una forma terrenal.

En el Budismo la creencia de reencarnación esta presente, pero adiferencia de otras religiones no creen que un ser reencarna totalmente de una vida a la siguiente. Para la filosofía Budista, el "yo" interior o el ser mismo de una persona está en constante cambio por tanto, tiene una conciencia que no es permanente y la reencarnación es parcial. En el budismo, la reencarnación es vista como el karma, pero no como una entidad complete que pasa de una vida a la siguiente.

Actualmente la reencarnación para el mundo occidental es vista como el progreso o evolución del alma a niveles más elevados de conección y acercamiento espiritual, aunque la autoayuda como la corriente de relativa más reciente aparición y de gran aceptación, en su ilimitado arsenal incluye en muchas áreas, temas de reencarnación, mejor llamados regresion a vidas pasadas, más enfocados a la curación de enfermedades y resolución de problemas.

Aun resta un gran terreno por recorrer, pues es necesaria mucha comprobación científica para que este tema y su aplicación en el campo de la salud pueda ser ampliamente aceptado. El debate es continuo entre los que simplemente creen y aceptan y los que necesitan tener una base o explicación científica para aplicarlo pese a que las comprobaciones son numerosas y contundentes.

Es necesario preguntarse si necesitamos realmente comprobación científica cuando el metodo es absolutamente incruento e inocuo. El método sólo ayuda y permite a la persona evolucionar o simplemente destrabar áreas en las que el individuo se halla paralizado y sin recursos para cambiar y mejorar. Solo require de un buen profesional avesado en la técnica y su precisa aplicación.

CAPÍTULO IV
ARCHIVOS O MEMORIAS

¿Todo lo que nos ocurre viene del pasado?
¿Todo está archivado en algún lugar
en nuestro cuerpo?

Comprender el sistema de memorias nos permitirá ubicarnos y obtener un nuevo concepto o paradigma en cuanto a las experiencias que acumulamos y su resolución con PITT™.

Preguntas fundamentales para el lector:

1. ¿Cómo y dónde se almacena la memoria de vidas pasadas?
2. ¿Cuál es el proceso (energía) o mecanismo mediante el cual una memoria de vidas pasadas puede transmitirse al organismo humano y traducirse en una experiencia que afecta la conciencia de una persona que vive en el tiempo contemporáneo?
3. ¿Para qué sirve el almacenamiento?
4. ¿Con qué propósito se sirve recordarlo?
5. ¿Podríamos tener cicatrices de memoria, trazos energéticos o de la conciencia de la misma manera que las tenemos físicamente?
6. ¿Qué sucede cuando la muerte física determina el fin de una persona?
7. ¿Qué es de la información contenida en el cerebro que hasta ese momento estableció nuestra forma de seres sociales?

Al morir literalmente el cuerpo deja de funcionar como tal. El cerebro está inerte y el hombre físico desaparece. El hecho es que cuando se quema un libro su contenido desaparece, se esfuma y lo mismo sucede con una computadora. ¿En nuestro caso la mente, sus rasgos y personalidad también se pierden?

El conocimiento actual de la mente y de algunas enseñanzas religiosas facilitan la comprensión de ciertos aspectos de la inmortalidad y del alma.

¿Cómo será la inmortalidad?
¿Cómo será estar en el mundo de las almas?
¿Qué sentirá un alma sin cuerpo?

Por definición, se describe a la memoria como la facultad del cerebro por la cual la información se codifica, almacena y recupera cuando es necesario. Sin memoria no existirían las experiencias, al menos la conciencia de ellas; es la conservación de información a lo largo del tiempo con el propósito de influir en acciones futuras o el comportamiento. La memoria es sumamente compleja y su estudio es fascinante.

Como verá el lector, aún no se ha nombrado el cerebro como lugar de almacenaje. Si bien es el lugar de procesamiento y almacenaje, el cerebro no es el único lugar donde las memorias se alojan.

Es sabido que el cerebro posee más capacidad de almacenamiento que una computadora. Según muchas investigaciones, debido a la intervención y activa participación de las neuronas, el cerebro es capaz de albergar 2,5 petabytes, el equivalente a 2,5 millones de gigabytes y esto es también debido a la interconexión que existe entre todas las neuronas.

Fundamentalmente, la memoria es una interacción entre mecanismos de adquisición, retención y recuperación y las tres funciones funciones básicas de la memoria son: codificación, almacenamiento y recuperación y a modo de ilustración la memoria se divide en tres tipos:

Memoria sensorial
a. Icónica
b. Ecoica

Memoria a corto plazo

Memoria a largo plazo
a. Declarativa
b. Procedimental
c. Implícita
d. Explícita

Vivimos en un universo que está sorprendentemente modelado. La calidad holográfica de cualquier sistema vivo en la naturaleza, cuando se desglosa en su elemento más fino, contiene un plano para sí mismo.

Cuando un organismo crece, se multiplica o se expande, replicando en su totalidad las propiedades que prevalecieron en sus orígenes. Aplicando este principio, la célula humana contiene la huella del organismo humano su historia y su memoria.

Los procesos electroquímicos a nivel celular se expresan como energía a nivel biológico. Somos macrocosmos de nuestro propio microcosmos infantil. Además, cada pensamiento, palabra y/o acción tiene una consecuencia fisiológica: una respuesta celular. Esta respuesta es memorizada por la célula con su propia química específica.

En nuestra vida cotidiana encontramos muchos ejemplos de esto. Se ha descubierto a través del trabajo corporal, como el masaje, la acupuntura y otras formas de curación que liberan energía, que el estrés y/o la historia dolorosa, se almacenan en los músculos de nuestro cuerpo.

Un ejemplo de esto es una experiencia flashback, que surge como una liberación de la emoción conectada a la memoria emocional personal. Esto ocurre cuando se activa un punto en particular en el cuerpo liberando así el estrés.

Los curanderos/shamanes saben intuitivamente que están ayudando a despejar recuerdos emocionales poderosos que se almacenan en las fibras musculares del cuerpo. Una de estas terapias corporales es el Rolfing. Sus defensores señalan que se afecta a toda la persona no solo al físico.

Estamos compuestos de emociones, actitudes, sistemas de creencias y patrones de comportamiento, así como del ser físico. Todos están relacionados.

Así, la célula humana contiene la huella del organismo humano, su historia y su memoria. El sistema del cuerpo está poderosamente vinculado al sistema de la mente a través de la transmisión bioquímica entre las células. Entre sus multiples funciones el ADN también registra todas las experiencias.

El fenómeno del flashback que teóricamente es incluido o consecuencia de la memoria celular, fue observado por primera vez por el neurocirujano Wilder Penfield, en su investigación sobre el cerebro humano (1975), ha sido descrito por el Dr. Irving Oyle (1979).

La vida intrauterina, la infancia, las experiencias familiares y los recuerdos que supuestamente pertenecen a vidas anteriores están codificados en la célula. Esto también ofrecería una explicación de cómo el "colectivo inconsciente" se transmite biológicamente a través de la especie. También existe una relación recíproca y perpetua entre la mente y el cuerpo que se puede volver a modelar a través de la energía de los pensamientos, palabras y acciones que, en última instancia, modifican la química, el ADN.

De alguna forma el hilo del tiempo permanece con nosotros en forma de transcripciones eléctricas, y diversos formatos de grabaciones en el banco de memoria de su biología de cien mil millones de células.

Existe cierta evidencia de que un conjunto de recuerdos transmitidos por lo que se estipula como memoria celular y también a través de las generaciones, subyace en el éxito de las técnicas que evocan las presuntas experiencias de vidas pasadas, en muchos casos mas notoria cuando se trata de conflictos familiares y violencia.

Al tratar con la experiencia de una vida pasada y al hallar la creencia, PITT™ habla de "Recodificación". Esta recodificación ocurre cuando el sujeto se retrae en el tiempo, hasta un punto antes de tomar una decisión incorrecta. En este punto, el sujeto puede reconocer por qué tomó la decisión y el impacto que ha tenido en su vida. A menudo, los sujetos encuentran que una decisión incorrecta les ha llevado a centrar sus vidas en valores negativos como el poder, el dinero o el control.

La recodificación permite a los sujetos corregir su decision o tomar otra decisión que los lleva a un resultado deseado o positivo. También les permite percibir el impacto de esta nueva decisión en su futuro, tanto en su vida como en su muerte.

La **memoria celular sobreentiende** que el cerebro no es el único lugar en el que se puede almacenar la memoria y desde donde se pueden recuperar memorias. De acuerdo con esta teoría, la memoria celular registra las experiencias del cuerpo en un nivel físico, además de que la célula también envía esta información al sistema de memoria cortical.

Los defensores de esta teoría utilizan el término "bio-ordenador humano" para describir la manera en que estos recuerdos se guardan en nuestras estructuras celulares. La mayor parte de ejemplos que la literatura científica describe se ha dado en pacientes que recibieron un trasplante cardíaco.

La bio-computadora humana almacena tanto información de nuestra historia personal e individual como la de nuestros ancestros, nuestra herencia genética.

Todos los individuos tienen su propia base de datos biológica individual. Por lo tanto, todo lo que experimentamos se registra en el nivel celular y nada se escapa del nivel orgánico. De acuerdo con esta teoría, los recuerdos almacenados en el cerebro son solo la "punta del iceberg", con respecto a lo que realmente conforma nuestros recuerdos.

Basados en la conexión entre los recuerdos, que afectan las creencias, las actitudes y, en última instancia, el comportamiento, los recuerdos almacenados en nuestras células pueden tener un efecto en nuestros patrones de comportamiento como resultado de su efecto en nuestros sistemas de creencias. Por lo tanto, las memorias celulares pueden afectar tanto en el resultado de nuestra vida como nuestras memorias "cerebrales".

Si la información se transporta en la energía del corazón, circulando dentro de las células, y si la energía no puede ser destruida ni disipada, cualquier recuerdo de una experiencia de vida que alguien haya tenido puede convertirse en nuestros propios recuerdos individuales.

La presunta terapia de regresión a vidas pasadas –para nosotros PITT™– permite que esos recuerdos o energía salgan a relucir, de alguna manera se hagan conscientes, que aporten significado a los problemas que se enfrentan en la vida actual y que aporten información sobre cómo sobrevivir en situaciones futuras. Esto agrega un mecanismo de comprensión a situaciones no solo a nivel de comportamiento, sino también a nivel físico.

Afortunadamente, estos conceptos y la practica de PITT™ ya han salido del campo de la medicina alternativa para incorporarse al gran arsenal de tratamientos corrientes, especialmente tomando en cuenta los resultados que se obtienen y la amplia consideración de la relación y dinámica mente-cuerpo. Las implicaciones ahora son asombrosas tanto médica, psicológica, espiritual y éticamente.

Hay numerosas evidencias de la eficacia de las terapias que evocan experiencias de presuntas vidas pasadas y conflictos familiares. Esto sugiere que esas experiencias presentes actualmente se han trasladado de otras vidas. Hasta ahora, éstos son reportes de casos y pruebas anecdóticas, aunque muy convincentes requieren de exámenes más profundos y especialmente comprobación.

El hecho de poder evocar las presuntas experiencias de vidas pasadas en casos que involucran conflictos familiares, sugiere que muchos de los conflictos personales en esta vida pueden arrastrarse desde tiempos pasados. Debe tenerse en cuenta la mayor parte de la documentación de este presunto enlace es a través de informes de casos.

Si está archivado en nuestra "MEMORIA CELULAR", está archivado en cada célula de nuestro cuerpo, que funciona como un archivo en una computadora, donde viene una situación y se reactiva instantáneamente automáticamente y empezamos a hacer un error después de otro error, recordando el pasado. Esto podría de alguna forma explicar, y podría ser cierto que fuimos hombre, mujer, fuimos buenos, fuimos malos, fuimos blancos, fuimos ricos, fuimos pobres, fuimos de distintas religiones, fuimos sanos, fuimos enfermos... Fuimos de todo; como muchos de los que sustentan estas teorías predican.

Las memorias que tenemos archivadas a nivel celular nos impiden o frenan de actuar a nuestro máximo potencial. Nos hacen actuar automáticamente, y generalmente en forma no deseada pues perdura en el presente el comportmiento adoptado en ese pasado.

CAPÍTULO V
INVITACIÓN

Para comprender un poco el tema y que usted esté preparado para absorber un nuevo paradigma en el campo de la ciencia, psicología y terapéutica lo invito a completar las siguientes listas.

Por favor hágalo a su ritmo y velocidad, no se esfuerce en completarlas inmediata o apresuradamente; tome el tiempo necesario y agregue más en cuanto vengan a su mente, incluso si es unos días después de iniciarlas. Si no está en su casa, lleve siempre donde y con que escribir, aunque actualmente es muy fácil de hacerlo en el celular o en cualquier tableta que usted porte, incluso grabar su voz. A medida que lea el libro o al terminarlo siga agregando en las listas.

Considérelo como un diario, no de lo que le acaba de suceder, es sobre lo que ya ha vivido, sobre su pasado y presente, es un elemento de ayuda para entender su marco de referencia o el escenario que eligió para esta vida (luego explicaré más extensamente este punto).

Tal vez hay áreas que no puede completar o no se le ocurre nada. No tiene importancia, tal vez sea un área en la que no hay conflictos o situaciones que resolver, o no lo inquietan o perjudican en la vida presente. Lo que debe tener en cuenta es que todo está relacionado con PITT™.

1. **Cosas que le atraen
   (en cine, TV, actividades, etc.).**
2. **Cosas que rechaza.**
3. **¿Qué le atrae en general?**
4. **Cosas comunes que le molestan,
   fastidian, o encolerizan.**
5. **Se siente atraído/a.**
6. **Describa el tipo de personas
   a las que siente atraído de inmediato.**
7. **Lugares que le atraen
   y que le gustaría conocer.**
8. **¿Cómo está con su religión?**
9. **Actividades preferidas.**

10. Lecturas preferidas.
11. Actividades que le atraen más que otras, o con las que se conecta más fácilmente.
12. Algo que siempre ha deseado hacer o tener y no ha logrado, especialmente cosas que recuerda que quería hacer o tener en su niñez y aun vienen a su mente como cosas no realizadas, un vacío que llenar o como una ilusión.
13. ¿Qué cosas puede hacer inconsciente o automáticamente que nunca estudió o le enseñaron? (Lo natural en usted)

CAPÍTULO VI
PLANETA ESCUELA

En nuestra realidad de PITT™, consideramos al planeta Tierra como una escuela. Una escuela donde venimos a participar y a aprender.

Cuando alguien va a la escuela o usted manda a un niño a la escuela, usted elige la escuela elige el barrio, elige qué materias son las mejores, posee un plan completo para su niño.

En PITT™ consideramos que antes de venir a este planeta elegimos el color de piel, elegimos la raza, elegimos el país, elegimos el sexo, elegimos los padres, elegimos los hermanos, o sea que elegimos la escenografía como alguien que va a hacer una obra de teatro...

¿Se preguntó alguna vez, qué hace alguien que va a montar una obra de teatro?

En este planeta escuela, al volver, lo que hacemos es elegir todo el ambiente, es como crear el escenario donde tendremos todos los problemas y sufrimientos que en realidad son las lecciones que vinimos a aprender o a superar; pues no lo hemos hecho en la vida anterior. Estas lecciones por lo general son tomadas como tragedias, cuando deberíamos siempre tomarlas como los recordatorios de lo que debemos hacer para evolucionar. *Es como un camino hacia la perfección.*

En nuestro trabajo tomamos como referencia a un péndulo para compararlo con lo que sería nuestro pasaje o migración de vida a vida. En un extremo estamos en *"hiperactividad"* o nos suceden cosas, en el otro extremo estamos en *"inercia"* y no advertimos lo que nos sucede.

La tendencia y la meta de PITT™ en llevar al sujeto a una zona intermedia de *"balance"* donde advierte lo que debe hacer y se capacita para tomar acción. Esto esta íntimamente relacionado con las "Creencias Fijas" y "Patrones de Conducta" que cada uno forma y fija en su niñez y que serán los parámetros con lo que miremos y midamos todo.

Por ejemplo, en el escenario que armamos: ponemos a un padre castigador con una madre muy amorosa, algunos hermanos que nos van a hacer cosas que no nos van a gustar, vamos a elegir la clase social, vamos a elegir la religión, elegimos el país, el idioma, elegimos todo….

Además, para completar la escenografía, encontraremos durante el proceso y aplicación de PITT™ que en otras vidas hemos sido de otro sexo, de otras razas, religiones, nacionalidades y porsupuesto hemos tenido differentes tipos de personalidad. También que algunas veces otros roles en nuestra familia o Sociedad, fuimos esposos, padres, hijos, socios, hermanos o amigos.

Seguro que nos preguntamos… ¿Por qué elegí semejante desastre?

¡Todos eligen cuál será el mejor escenario que le ayudará para aprender las lecciones de esta vida!

Esa escenografía es para que podamos enfrentarnos una vez más a nuestras "lecciones" como en una pantalla de proyección gigante y poder aprender mejor. Sin duda y querramos o no, nuevamente nos vemos ante la oportunidad de aprender y superar lecciones que anteriormente no pudimos superar.

De la misma forma en que como en la escuela vamos a aprender, matemáticas, física, química, geografía, historia, las lecciones a las que me refiero no son simplemente materias de estudiar para una profesión, son *"lecciones de vida"* que nos posicionan en un camino de evolución para que seamos mejores seres humanos y para que mejoremos al mundo.

Es por todo esto que lo llamamos "planeta escuela". Acá en este planeta y en la vida presente tenemos otras materias o lecciones que aprender, es un paso mas adelante en nuestra evolución. Se escucha muy frecuentemente decir que la vida es para ser feliz, y no es así, felicidad es sólo un estado, si estamos en el, podremos facilitar nuestra evolución (superando lecciones). Vida desde nuestro punto de vista tiene el propósito de mejorarnos para mejorar el mundo. No hemos venido solo para divertirnos, comer, beber, gastar y olvidarnos de ayudar a otros y hacer el bien.

Pueden estar ausentes o poseerse en diferentes intensidades. Algunas de las lecciones son:
- Comprometernos
- Perdonar
- Responsabilidad
- Arriesgarnos
- Dar la mano
- Independencia
- Humildad
- Asertividad
- Disciplina
- Solidaridad
- Hacer servicio
- Decir "no, gracias"
- Tomar acción
- No evadirnos
- No vendernos
- Dejar de jugar a ser víctimas
- Ayudar a la Humanidad
- Dar, en vez de siempre tomar
- Y muchas lecciones más... Que muchas veces se identifican durante la aplicación de PITT™

Si cada conflicto es considerado una materia que tenemos que aprobar o superar, en el supuesto caso de una escuela o una Universidad, deberemos dar el exámen tantas veces hasta que aprobemos esa materia.

Muy bien, en el planeta escuela pasa lo mismo, las lecciones se repiten una vez y otra vez y otra vez, hasta que pasamos la prueba, hasta que aprobamos la materia.

Por esa razón es que ciertas cosas o conflictos nos ocurren una y otra vez, siempre lo mismo y cada vez aumenta el volumen, o sea mayor dolencia, mayor sufrimiento, mayor pérdida o intensidad... El problema es peor; y es sólo para que aprendamos.

¿Cuántas veces lo engañaron una vez y luego otra vez, y cada vez con un monto más grande de dinero o de otra forma, no solo lo engañaron con dinero, lo engañaron en negocios o lo engañaron de otra forma o incluso lo hicieron actuar violentamente?

¿Cuántas veces usted actuó violentamente y usted dijo "nunca más lo voy a hacer así", y otra vez se encuentra haciendo lo mismo, y tal vez más intensamente?

Simplemente es una materia. Y lo que enseñamos es como pasar esa materia rápidamente. Con PITT™ verá claramente cuál es la lección y como rectificarlo.

Puede considerarlo como un curso de superaprendizaje de la vida.

¿Cuántas veces usted actuó de alguna forma inadecuada o no tomó la decisión apropiada, y dijo: "nunca más lo voy a hacer así", y otra vez se encuentra haciendo lo mismo? ¡Solo que peor!

Esto es sólo para observar e interpretar una vida desde distintos puntos de vista que contribuyen a la solución de conflictos.

¿Saben cuántas veces, esta memoria celular no nos deja actuar en nuestro máximo potencial, porque tenemos tan archivado que fuimos muchas veces malos que ni siquiera nos permitimos desarrollar todo el potencial y todo el poder que tenemos; reaccionando automáticamente y siempre obteniendo los mismos resultados? ¿No lo siente como automático?

Por ejemplo: ¿cuántas personas tienen miedo de tener todo el dinero que merecen, toda la fuerza y el éxito que merecen?

En lo más profundo estas personas temen hacer daño, pues en el pasado ese dinero o esa fuerza les dió poder que mal utilizaron, en lugar de utilizarlo para hacer el bien lo usaron para hacer el mal. O esgrimieron arrogantemente su éxito que fué contraproducente.

Casos

Una mujer de profesión dentista, hace dos años comenzó a sufrir de dolores en su brazo, su actividad requería de sus brazos y sus manos. Aplicamos PITT™, durante el proceso reconoció quién en el pasado la había matado clavándole un puñal en su hombro derecho; y reconoció quien es esa persona en esta vida y que con ella había comenzado una sociedad. Los dolores que no cedían con ninguna medicación cesaron inmediatamente cuando canceló la sociedad y dejó de ver a esa persona.

– En uno de los talleres que dicté una de las participantes comparte hechos, visiones y circunstancias de una vida "pasada" en la época de los faraones. Ella se vio bailando frente a un faraón, pues su trabajo era entretener a la corte, de la que fue excluida por estar embarazada. En ese momento y por no poder bailar para los miembros del gobierno, fue llevada a una celda. Por las malas condiciones del lugar y sin recibir prácticamente comida, su embarazo fue muy tórpido. Además relató que el padre de su hijo, sus amigos y el ambiente en la que ella estaba todos estaban armados.

En el momento que le solicité que compare esas circunstancias con su vida actual, la hermosa mujer que trabaja de desnudista y bailarina en un cabaret también relata que es madre soltera, que su embarazo fue muy complicado y casi lo pierde; que no sabe segura quien es el padre, que su novio actualmente es policía y sus amigos son todos oficiales de la poilcía o militares. Estamos frente a dos vidas iguales donde lo único que cambia es la época en la que suceden, las circunstancias son casi iguales. Como agregado a esta descripción el lector debe saber que una vez que ella se dedicó a corregir lo que había hecho mal en la vida pasada, o sea tomar otra decisión, y la correcta su vida cambió radicalmente. Pocos meses después ya tenía otro trabajo, comenzó a estudiar y concurría regularmente a la iglesia.

—Concurre una familia, los padres y dos de los 4 hijos. Uno de ellos, y la razón por la cual asistieron, fue que el hijo barón de 14 años de edad perdió totalmente el cabello. Despues de muchas consultas médicas, después de muchas medicinas alternativas y sin haber encontrado causa por la calvicie son recomendados a mi no sólo en busca de un tratamiento, principalmente en busca de una explicación.

Estudiada la familia y el niño decidí que lo mejor sería aplicar (PITT™), sabiendo que toda la familia estuvo en el pasado en los mismos escenarios, y que en el presente estan nuevamente nuevamente juntos por algún motivo, especialmente por lo que deben aprender juntos.

Como elemento distinctivo cabe aclarar que el niño objeto principal de la regresión no se veía parecido a ningún miembro de la familia, mas alto, mas delgado y con características faciales mas orientales que occidentales. No deseo intrigar al lector con el desarrollo del caso, solodeben saber que el niño continuó completamente sano por varios añs mas hasta que los deje de ver. Sólo descubrimos que había sido un monje en los Himalayas, que su aspecto correspondia a lo que el relató de su vida allí con otros monjes. Lo más valioso es que habiendo conocido su "pasado" a partir de allí más dudas, goza de salud, no debe inquetarse por su aspecto y no le dan importancia a los que tratan de ejercer acoso escolar con el.

Hay casos en los que solo aclarando circunstancias así (PITT™) es sanador, disipando un velo de dudas, angustias e incertidumbres.

  * Para acceder a casos específicos relatados de memoria celular en trasplantes, recomendamos leer: "The Heart's Code" de Paul Pearsall, PhD.

PITT™ ayuda a reparar aquello que hicimos mal o no supimos hacer. Al decir no supimos, también entendemos las decisiones erróneas que tomamos en el pasado y que nos desviaron de nuestro propósito de vida.

Nos permite reparar el daño que hemos hecho a otros seres cercanos o a la sociedad misma. Nos ayuda a tomar preventivamente los pasos necesarios para evitar en el presente que algunas cosas ocurran, o a que suceda lo mismo de una ocasión anterior, o sea evitamos la repetición.

Con PITT™ realmente estamos solucionando el problema de raíz.

Con tantas técnicas que existen... ¿Por qué utilizar PITT™?

Con los tratamientos tradicionales y convencionales, la mayoría de las veces, estamos como observando un jardín y cortando el césped en su superficie.

Con PITT™ realmente estamos solucionando el problema de raíz. Es como cirugía radical. Porque regresando a una vida anterior, o elaborando de esta forma una experiencia, empleando ejercicios especiales activamos la memoria celular, estamos trabajando sobre todos nuestros neurotransmisores (químicos).

Esto ya pertenece al área de Psiconeuroinmunología que también es parte de PITT™.

Todo lo que un individuo arrastra generación tras generación en esa alma, y cada elemento es una experiencia acumulada la activamos durante la aplicación de PITT™ y podemos solucionar el conflicto o enfermedad en la misma fuente.

Aplicar PITT™ es actuar sobre la base misma de nuestra memoria celular en la cadena del conocimiento que hemos forjado través del tiempo. Es precisamente actuar en un momento allí atrás en el tiempo para modificar una *decisión o creencia* que ha producido el resultado o el comportamiento actual debido a que en la mayoría de las situaciones que la persona debe enfrentar y resolver lo que hemos repetido sucesivamente sin resultados promisorios.

A este nivel tomamos conciencia de la oportunidad que temenos "actualmente" de resolver algo que venimos arrastrando vida tras vida. Sin PITT™ continuaríamos cometiendo el mismo error nuevamente, y desafortunadamente se observa que cada vez que no lo resolvemos la lección vuelve más intensa. Y también puede expandirse a los seres que nos rodean.

También aplicamos PITT™ para:
Esclarecer, procesar y aclarar temas relevantes y significativos.

Descubrir quién realmente es la persona e identificarla como un ser único. Aprender las claves para vivir una vida alegre, abundante y satisfactoria.

Aprender a traer más dirección y descubrir el propósito y misión en la vida. Aprende a traer balance a su vida general.

Esto es un proceso intensivo de curación con resultados excepcionales: hacer una transición significativa y efectiva hacia el autodescubrimiento y el empoderamiento.

Recuerde que "traumas y otras experiencias están como olvidados, aunque estén grabados como en una "biocomputadora"

CAPÍTULO VII
LA TÉCNICA

Es de aclarar que PITT™ no utiliza hipnosis, sólo una relajación que puede considerarse como inducción hipnótica, esto es pues durante el proceso requerimos que el participante se mueva, camine o cambie de posición para estimular o disparar memorias archivadas en otros sitios del cuerpo. Esto hace que la persona tratada no se concentre en el nivel mental solamente.

Esto facilita el traer al presente las situaciones o experiencias necesarias para el trabajo y también para incrementar el recuerdo de situaciones específicas con las que se trabajará. Traumas y otras experiencias están como olvidados, aunque estén grabados/archivados como en una "bio-computadora". PITT™ accede a estas memorias "chips" y hace disparar el recuerdo de esas situaciones que se deben resolver y que previamente el paciente, con la ayuda del facilitador o terapeuta, deciden cuál o qué es lo que se debe resolver.

La pregunta más frecuente que le surge al lector o al participante es si todo no es imaginación. Durante el procedimiento o al enseñar la técnica se explica profundamente la diferencia entre memoria e imaginación. También se enseña a reconocer quienes de los personajes que vemos durante el procedimiento están presentes en la vida actual.

Existe una enorme correlación entre PITT™ y los estados energéticos, o mejor expresado como "Bio-energía", que todos nuestros órganos poseen y en los cuales se aloja la memoria activa o inactiva.

Esto se correlaciona directamente con los descubrimientos de memoria en los pacientes que han recibido trasplantes de órganos.

Muchos investigadores utilizan hipnosis. La hipnosis también ayuda a llegar a los bancos de la memoria que se encuentran como archivados. La mente comparada con una computadora tiene sus sitios donde almacena en forma bioquímica todo el conocimiento que denominamos memoria y que gracias a distintas técnicas podemos disponer y acceder a ellas.

Aplicación de PITT™

Teoría/preparación:
- Historia de PITT™
- Principios fundamentales
- Historia Clínica
- Identificar el común denominador
- Conceptos clásicos e ideas actuales
- Teoría de PITT™
- La técnica básica
- Diferencia entre memoria e imaginación
- Reconocer personas que participaron en experiencias a reactuar
- Creencias fijas
- Trabajar las experiencias traumáticas

Práctica:
- Relajación profunda
- Meditación del Arco Iris
- Viaje al pasado (varias etapas)
- Encontrar si la lección esta presente en cada vida que se describe
- Describir la creencia o decisión de ese momento
- Reversión / Borrar la memoria celular
- Describir la nueva creencia
- Reemplazar el chip de la "Bio-Computadora"
- Reescribir la historia empleando la nueva creencia
- Volver al presente
- Escribir la "lección" aprendida
- Hacer lista de nuevos objetivos en el presente
- Recomendaciones post-aplicación de PITT™

Más para tener en cuenta de PITT™

Quiénes fueron en otras vidas, cuál era la lección que vinieron a aprender y a cambiar, son todos elementos de PITT™. Recordará y revivirá situaciones, vivencias, traumas olvidados de tiempos pasados de la vida o de "vidas anteriores" que se encuentran guardados en el inconsciente o en la memoria celular.

Es de suma importancia prevenir y revertir hechos que ya se han vivido y que pueden acontecer nuevamente en el presente, para no seguir causándolo en automático. Reconociendo la decisión que se tomó en ese punto en el tiempo y cambiándola por otra que produce beneficios y unión, tanto en relaciones personales, laborales, con nosotros mismos, sobre la vida, sobre el dinero estaremos en condiciones de reescribir esa decisión y cambiar el presente.

También revertir dolencias actuales, como migrañas y otros dolores crónicos, es también una herramienta de desarrollo personal.

Atención:

El profesional que aplica la técnica debe estar debidamente formado para evitar la repetición de lo que siempre sucedió y sucede con la creencia antigua, especialmente si lo que se desea revertir son problemas de salud o daño físico por accidentes.

Recordar que esa decisión tomada en ese preciso punto en el tiempo la llamamos Fixed Belief/Creencia Fija y que nos hace actuar en automático en el presente. O sea, el profesional debe manejar perfectamente la técnica de reversión de "Creencias Fijas".

CAPÍTULO VIII
CREENCIAS FIJAS

En realidad, no somos siete billones de seres humanos en este planeta, sino que somos 7 billones de Creencias Fijas caminando, trabajando, pensando o sintiendo.

Son pensamientos repetitivos automáticos que controlan nuestra conducta, que están siempre presente y que controla el comportamiento conforman la estructura de nuestra personalidad. "Es una frase muy corta quehace sentir a la persona mejor o diferente de los demás."

Vamos por el mundo **criticando, sintiéndonos mejores o "más que", superiores. Saboteando, resistiendo, acarreando resentimiento y en muchos casos con ansias de revancha porque creemos que no podemos conseguir lo que decimos que queremos.** Creando a nuestro paso enfermedades, adicciones, separaciones. Sin tener conciencia que nosotros mismos provocamos nuestra realidad y muchas veces influenciamos y contaminamos a nuestra familia, nuestro entorno, a toda la raza humana y al planeta. Lentificando y hasta desviando nuestra evolución, jugando a ser las víctimas (angelitos) y culpando a los demás de nuestros fracasos.

Esto se manifiesta en la forma de hablar y hasta de gesticular. *Las creencias* **se convierten en el filtro por el cual pasamos todas las experiencias, palabras y sentimientos. Son los anteojos por los cuales vemos la realidad y formamos una profecía que se auto** cumple, cerrándonos a escuchar, a encontrar nuevas oportunidades, a la creatividad a consolidar vínculos de unión, cooperación, al trabajo en equipo y a la sinergia.

Estos anteojos que actúan como filtros y **sólo dificultan ver las cualidades de los otros,** determinan también la elección de las personas a las cuales nos acercamos o de las que nos alejamos.

Las *creencias fijas* impiden realmente el avance a nivel personal, a nivel de grupos religiosos, raciales y hasta de naciones enteras.

Todos tenemos estas *creencias*, pero nunca lo notamos o reparamos en ellas, pero se manifiestan continuamente en la forma en que hablamos, nos vestimos, caminamos y actuamos.

Las *Creencias* "Modelan" nuestros pensamientos, nuestra conducta, salud y creatividad. Es más: modelan nuestra personalidad. Como cuando pensamos o decimos: "Soy más inteligente", "soy más sagaz", "me esfuerzo más", "doy más", "soy más sensible", "soy más responsable".

Creencia es una corta afirmación, que produce sufrimiento, impide la obtención de algo, y limita la posibilidad de disfrutar de la vida. La creencia es el dedo crítico que señala a los demás con "lo que no hacen bien" y produce "autocrítica".

La *creencia* hace que los otros "actúen" de la forma que nosotros creemos que deben actuar, o sea, induce a los otros. Si no se cambia este concepto, el futuro será "más de lo mismo".

Común Denominador

Determinar el común denominador es un elemento clave en PITT, este determina la verdadera indicación y fija la estrategia para la reversión del motivo de consulta.

El común denominador es aquello que de distintas maneras se repite en la vida de un individuo, ya sea a nivel físico, mental, emocional, económico o spiritual. Es aquello por lo cuál el individuo decide hacer algo para que no suceda más, pese a los intentos en resolverlo o pese a la promesa que se hizo de no pasar mas por ello, eso sucede nuevamente. Como ejemplos mas comunes Podemos citar, separaciones, divorcios, pérdidas de dinero, fracasos a cualquier nivel, enfermedades crónicas, accidents. Es muy facil identificarlo pues todos sufrimos o temenos algo que nos sucede *"o provocamos" y aunque estemos resultos en no vivrlo mas… nuevamente sucede.*

Es por esta razón que es importante determinarlo y no aplicar el método simplemente por el hecho de saber sobre el pasado. Muy frecuentemente la gente desea participar de esta terapia para saber que fue en el pasado o descubrir determinadas cosas. Es precisamente lo contrario trabajando con la base del común denominador podemos resolver el problema o conflicto y a mismo tiempo sabremos en detalle de nuestro pasado.

Es importante destacar que si bien ese común denominador es algo que sucede actualmente, muy frecuentemente no se halla arraigado solamente en la vida actual, solo lo venimos arrastrando de otras vidas y en esta temenos la oportunidad de resolverlo.

Se debe destacar que existe más de un comun denominador, aunque siempre hay uno y es el preponderante, es principalmente uno el que mayor stress o conflictos ocaciona. Es posible También localizar un común denominador para cada área y actividad de nuestra vida, tanto para el plano físico como para los otros planos, mental, emocional, económico y espiritual.

En realidad, y debido a la efectividad de PITT, siempre indicamos trabajar primeramente en la verdadera razón por la cual se aplicará, que es el fracaso o frustración creadas por el común denominador, que el cliente refiere y describe de su situación actual y que lo trajo a la consulta.

Nuestras acciones siempre producen un efecto en cadena en el ambiente donde estamos y nunca sabremos hasta donde llegan ese efecto "Ripple effect" o "Efecto Dominó". Es como cuando arrojamos una piedra al agua, las ondas producidas llegan tan lejos que no podemos determinarlo. Al propagarse y con su natural reverberancia e incremento se intensifica y es penetrante o de alta influencia. Aunque muchas veces puede ser sin intención el daño que produce es inmenso; afecta a muchos y por generaciones.

Es en este punto que PITT ayuda a tomar conciencia de nuestras acciones y evitar ese efecto nocivo transformando acciones de mal en acciones de bien y que pueden beneficiar a uno o muchos seres humanos tornando ese efecto en un efecto positivo. En este caso las ondas se continuan transmitiendo y son ondas para el bien, solidaridad y buenos ejemplos.

Ejemplos del efecto domino los encontramos a diario como el de la violencia que genera mas violencia o como una acción de bien genera que mas gente adopte esa actitud. Simplemente sonreir a gente extraña puede mejorar el ánimo de muchos.

El efecto domino es el de una cadena imposible de parar. Lo ideal sería que siempre seamos responsible de crear un efecto de cadena positiva. El ejemplo mas común en un hogar es cuando padres cambian los habitos alimenticios con dietas orientadas a mejorar la salud y al mismo tiempo perder peso. Automaticamente los demás integrantes de la familia mejoran sus habitos y también mejoran la salud. Este es un ejemplo de como producir cambios positivos sin tomar una acción abierta o comunicandolo.

BIBLIOGRAFÍA

(Oyle, 1979; Lilly, 2004). Rossi

Adelson, R. (2004). Stimulating the vagus nerve: Memories are made of this. APA Monitor on Psychology, 37(4), 36. Ader, R., Felton, D. L., & Cohen, N. (Eds.). (1981) Psychoneuroimmunology (2nd ed.)

Adler, A. (1927). The practice and theory of individual psychology. New York: Harcourt, Brace.

Adler. New York: Basic Books.

Ansbacher, H., & Ansbacher, R.R. (Eds.). (1956). The individual psychology of Alfred

Beck, A. T. (1977). Cognitive therapy and the emotional disorders. Madison, CT: International Universities Press.

Bell, J. S. (1988, Fall/Winter). Nonlocality in physics and psychology: An interview. Psychological Perspectives, 306.

Belser, D. O. (1991). Substance abuse, perceived harmfulness and irrational beliefs. (Doctoral dissertation, St. John's University, New York). Dissertation Abstracts International, 79, 864.

Berg, P. S., (1985) Las Ruedas de un Alma. Centro de Investigación de la Cabala – Jerusalem, New York.

Bertisch Danziger, R., & Danziger, S. (1987). You are your own best counselor. Honolulu, HI: Self-Mastery Systems International.

Bertisch Danziger, R., & Danziger, S. (1984). Mind Map of life patterns: A map on beliefs, life patterns and beha- vior. Honolulu, HI: Self-Mastery Systems International.

Bertisch Meir, R. (2005a). Stop beliefs that stop your life. Bloomington, IL (in press).

Bertisch Meir, R. (2005b). El poder de tus pensamientos [The power of your thoughts]. Bloomington, IL.

Bertisch Meir, R. (2005c). Del miedo al éxito [From fear into success]. In H. Iglesias (Ed.) Exitistas o exitosos (pp. 137-146). Buenos Aires, Argentina: Cefomar.

Bertisch Meir, R., & Meir, M. (2004). Re-creating your life. Philadelphia, PA: Xlibris.

Bertisch, R. (1982). A model for conflict resolution techniques: Fixed belief/life pattern counseling. Unpublished master's thesis, University of Hawaii, Honolulu.

Bertisch, R. (1987). Life pattern theory and practice. Unpublished doctoral dissertation, University for Humanistic Studies, San Diego, CA.

Bertisch, R., & Kliksberg, N. (1990a). Psychic surgeon of the Philippines, truth or fraud? The case of Emilio Laporga in Argentina. Argentine Journal of ASPR (American Society of Psychical Research), 84, 186-186.

Bertisch, R., & Kliksberg, N. (1990b). Psychic surgeon of the Philippines, "Fraude or real?" Argentine Journal of Paranormal Psychology, 1(2), 35-40.

Bertisch, R., & Mordkowski, F. (1992). Multiphasetic and interdisciplinary advance approach to detain, prevent and revert the ischemic cardiopathy. Boletin de la Sociedad Argentina de Cardiologia, 87, 7-10.

Bertisch, R., & Mordkowski, F. (1993). Autotransformacion y longevidad [Self-transformation and success]. Bue- nos Aires, Argentina: Synergistics International.

Bohm, D. (1987). Hidden variables and the implicate order. In J. M. Basil & F. D.

Bond, F. W., Dryden, W., & Briscoe, R. (1999). Testing two mechanisms by which rational and irrational beliefs may affect the functionality of inferences. British Journal of Medical Psychology, 72, 557-566.

Browne, S. (2001). Past lives, future healing. New York: Penguin Putnam.

Bushman, W. J. (1998). The relationship between conflict, love and satisfaction and relationship beliefs, problem-solving techniques and negotiating strategies in romantic relationships (dating, marital satisfaction). (Doctoral disseration, Hofstra University). Dissertation Abstracts International, 79, 7434.

Corsini, R. J. (Ed.) (1977). Current personality theories. Itasca, Ill.: Peacock. De Chardin, T. (2004). The future of man. Garden City, NY: Doubleday.

Dethlefsen, T. (1977). Voices from other lives: Reincarnation as a source of healing. New York: M. Evans.

Di Biase, M. (1998). Perfectionism in relation to irrational beliefs and neuroticism in community college students. (Doctoral dissertation, Chicago School of Professional Psychology). Dissertation Abstracts International, 79, 4073.

Ellis, A. (1971). Growth through reason. Palo Alto, CA: Science & Behavior Books.

Ellis, A. (1973). Humanistic psychotherapy: The rational-emotive approach. New York:

Ellis, A. (1979). How to live with a neurotic. Hollywood, CA: Wilshire.

Ellis, A. (2001). Overcoming destructive beliefs, feelings, and behaviors: New directions for rational emotive behavior therapy. Amherst, NY: Prometheus.

Feinstein, D., & Krippner, S. (1997). The Mythic Path. New York: Tarcher/Putnam.

Fenichel, M. (2000). New concepts in practice: On therapy - A dialogue with Aaron T. Beck and Albert Ellis. Retrieved June 27, 2004, from fenichel.com/Beck-Ellis.shtml.

Ferguson, M. (1980). The Aquarian conspiracy. Los Angeles: Taracher.

Finkelstein, D., & Finkelstein, S. R. (1983). Computational complementarity. International Journal of Theory Physics, 22, 753-779.

Fiore, E. (1978). You have been here before. New York: Coward, McCann and Geoghegan.

Freedman, T. B. (1994). Patterning in hypnotically-facilitated past life reports of phobic people. Unpublished dissertation proposal, Saybrook Graduate School and Research Center, San Francisco, CA.

Freedman, T. B. (2001). Soul echoes: The healing power of past-life therapy. New York: Kensington. Freud, S. (977). Introductory lecture on psychoanalysis. New York: Liveright.

Galin, D. (1977). The two modes of consciousness and the two halves of the brain. In P. Lee, R. Ornstein, D. Galin, A. Deikman and C. Tart (Eds.), Symposium on consciousness (pp. 26-53). New York: Penguin.

Gershom, Y. (1992) Beyond the Ashes. A.R.E. Press.

Grandpierre, A (1999) The nature of man-universe connections. The Noetic Journal, 2, 52-66.

Halford, W. K., Sanders, M. R., & Behrens, B. C. (2000). Repeating the errors of our parents? Family-of-origin spouse violence and observed conflict management in engaged couples. Family Process, 39, 219-237.

Hartman, D., & Zimberoff, D. (2002). Memory access to our earliest influences. Journal of Heart Centered Thera- pies, 7(2), 3-63.

Hayman, R. (2001). A life of Jung. New York: W.W. Norton.

Kalmuss, D. (1984). The intergenerational transmission of marital aggression. Journal of Marriage and Family, 46, 11-19.

Kastner, B., (2007) Understanding the Afterlife in This Life. Devora Publishing Company.

Keyes, K. (1972). Handbook to Higer consciousness. St. Mary, Kentucky: Living Love Publications.

Kragh, J. R. (1998). Rational-emotive theory as a foundation for harm-reduction interventions in reducing heal- th-risk conditions: An investigation of basic beliefs and harm-reduction outcomes. (Doctoral dissertation, New

Mexico State University). Dissertation Abstracts International, 79, 4470.
Laszlo, E. (2004). Science and the Akashic field: An integral theory of everything. Rochester, VT: Inner Traditions.
Lilly, J. C. (2004). Programming the human biocomputer. Berkeley, CA: Ronin.
Lipton, B. H. (2001). Nature, nurture and human development. Journal of Prenatal and Perinatal Psychology and Health, 16(2), 167-180.
Loftus, E. F. (1993). The reality of repressed memories. American Psychologist, 48, 18-537.
Lucas, W. B. (1993). Regression therapy: A handbook for professionals (Vol.1). Crest Park, CA: Deep Forest Press.
Lynn, S. J., Loftus, E. F., Lilienfeld, S. O., & Lock, T. (2003, July/August). Memory recovery techniques in psychothe- rapy. Skeptical Inquirer, 40-46.
Mahoney, M. J. (1980). Pp. 157-180. Psychotherapy and structure of personal revolutions. In Mahoney, M. J. (Ed.), Psychotherapy process. New York: Plenum.
McClaskey, T. (1998). Decoding traumatic memory patterns at the cellular level. Retrieved March 23, 2004, from aaets.org/arts/art30.htm.
McGraw Hill Paperbacks.
Miller, D. W. (1998). Energy, information, and past lives within consciousness: An integration. Journal of Regres- sion Therapy, 12, 70–85.
Mills, A. & Lynn, S. J. (2000). Past-life experiences. In E. Cardena, S. J. Lynn, & S. Krippner (Eds.), Varieties of ano- malous experience: Examining the scientific evidence. The American Psychological Association.
Milner, B. (1971.) Inter-hemispheric differences in the localization of psychological processes in man, British Medical Bulletin, 27, 271-277.
Netherton, M., & Shiffrin, N. (1979.) Past lives therapy. New York: Ace Books.

Oyle, I. (1979). The new American medicine show. Santa Cruz, CA: Unity Press. Pearsall, P. (1998). The heart's code. New York: Broadway Books.

Peat (Eds.), Quantum implications (pp.137-141). London: Routledge & Kegan Paul. Pecci, E. (1993). Exploring one's death. In W. B. Lucas (Ed.), Regression therapy: A handbook for professionals (Vol.1, pp. 717-749). Crest Park, CA: Deep Forest Press.

Penfield, W. (1975). The mystery of the mind. Princeton, NJ: Princeton University Press. Piaget, J. (1972). The child's conception of the world. Lanham, MD: Rowman and Littlefield. Plenum.

Pribram, K. (1971). Languages of the brain. Englewood Cliffs, NJ: Prentice-Hall.

Psychotherapy. (2001). Gale encyclopedia of psychology. Retrieved June 7, 2004 from http://www.findarticles.com/cf_dls/g2601/0007/2601000791/pl/article.jhtml.

Redwood, D. (1997). "Life after life": Interview with Raymond Moody. Retrieved July 20, 2004, from http://www.healthy.net/library/interviews/redwood/raymoody.htm.

Robinson, J., (1998) The experience of God. Hay House.

Rossi, E. L. (2002). The psychobiology of gene expression: Neuroscience and neurogenesis in hypnosis and the healing arts. New York: W.W. Norton. San Diego: Academic Press.

Schacter, C. L. (1996). Searching for memory: The brain, the mind and the past. New York: BasicBooks.

Schacter, D. L. (2001). The seven sins of memory: How the mind forgets and remembers. Boston: Houghton Mi- fflin.

Schempp, W. (1992). Quantum holography and neurocomputer architectures. Journal of Mathematical Imaging and Vision, 2, 279-326.

Schroeder, G. L., (1997) The Science of God. Free Press.

Schwartz, G. E. R., & Russek, L. G. S. (1999). The living energy universe: A fundamental discovery that transforms science & medicine. Charlottesville, VA: Hampton Roads.

Selye, H. (1976). Stress in health and disease. Ontario, Canada: Butterworth.

Shibaru, K. A. (2001). Self-deception and the nature of mind. (Doctoral dissertation, Columbia University). Disser- tation Abstracts International, 61, 4808.

Siegel, B. (1989). Peace, love and healing. Bodymind communication and the path to self-healing: An exploration. New York: Harper and Row.

Silberman, S. W. (1997). The relationships among love, marital satisfaction and duration of marriage. (Doctoral dissertation, Arizona State University). Dissertation Abstracts International, 76, 2341.

Simonton, O. C., Mathews-Simonton, S., & Creighton, J. L. (1978). Getting well again: A step-by-step, self-help gui- de to overcoming cancer for patients and their families. New York: Bantam.

Solomon, A. (1997). Primed irrational beliefs of formerly depressed and never depressed individuals (priming, rational emotive therapy). (Doctoral dissertation, American University). Dissertation Abstracts International, 78, 7141.

Sperry, R. W. (1964, January). The great cerebral commissure. Scientific American, 42-52. Spiegel, H., Spiegel, D. (1978). Trance and treatment: Clinical uses of hypnosis.

Spiltz, E. Kaplan. (2015). Does the Soul Survive?. Jewish Life Publishing.

Sultanoff, B. & Zalaquett, C. (2000). Relaxation therapies. In D. Novey (Ed.), Clinician's complete reference to com- plementary & alternative medicine (pp. 114-129). New York: Mosby.

Sutphen, D., & Taylor, L. L. (1986). Past-life therapy in action. Malibu, CA: Valley of the Sun.

The Guild for Structural Integration. (2005). About structural integration. Retrieved April 23, 2005, from www.rolfguild.org/aboutsi.html.

Van der Kolk, B. (1994). The body keeps the score: Memory and the evolving psychobiology of PTSD. Harvard Re- view of Psychiatry, 1, 253-265. Retrieved April 23, 2005, from www.trauma-pages.com/vanderk4.htm.

Wambach, H. (1979). Life before life. New York: Bantam. Weiss, B. (1993). Through time into healing. New York: Fireside.

World Health Organization. (2001). The international classification of functioning, disability and health. Geneva, Switzerland: World Health Organization.

Yates, A. J. (1980) Biofeedback and the modification of behavior. New York: Zinker, J. C. (1977). Creative process in Gestalt therapy. New York: Brunner /

¿QUÉ PODEMOS LOGRAR CON PITT™?

Con los sistemas y terapias tradicionales logramos, lo que comparado con un jardín sería cortar el césped, en cambio con la terapia regresiva logramos sacarlo de raíz y reemplazarlo por algo más positivo y útil, re-escribiendo el presente y el futuro de una persona y de su entorno. Es como cambiar los lentes con los que se ve la realidad, ampliando su horizonte.

Con esta técnica se puede experimentar que no somos "víctimas" de nada ni de nadie, sino que "elegimos" lo que estamos viviendo, nos pusimos tests o leccio- nes, para evolucionar más, disolver prejuicios y creencias y ser más "concientes" del potencial y la sabiduría que tenemos y que fuimos acumulando durante el tiempo y durante vidas.

"¿Si no es ahora, cuándo?"
¿Tiene preguntas? ¿Desea una consulta?
¿Es profesional y quiere aprender la Terapia PITT™?

Escriba a:
Dr. Michael Meir Point in Time Therapy
Phone: 305-682-8755
e-mail: info@drmichaelmeir.com

BIOGRAFÍA DR. MICHAEL MEIR

El Dr. Michael Meir Desarrolló sus estudios de cardiología en la Universidad de Buenos Aires, convirtiéndose en un profesional innovador y destacándose en subespecialidades como la Hemodinamia y Medicina Aeroespacial. También se preparó como Psicoterapeuta y obtuvo el grado de Licenciado en Consejería de Salud Mental en el Estado de New York. (Licensed Mental Health Counselor, NY). Es autor de libros y trainer de trainers.

Consultor - Educador - Formador en desarrollo humano. Gestión de proyectos en empresas privadas y gobiernos. Consultor motivacional, consejero, entrenador en Desarrollo del potencial humano. Considerable experiencia en relaciones públicas internacionales y relaciones comunitarias. Amplia experiencia en Psicoterapia, Asesoramiento y Coaching, para individuos, grupos y compañías. Trabajó extensamente en programas en prevención, psicoterapia grupal e individual, incluida la reducción del estrés, la resolución de problemas y los problemas relacionados con el lugar de trabajo. Educador, administrador y profesor de ciencias de la salud y psicología. Amplio desarrollo de programas en universidades, centros médicos, empresas y gobiernos. Es entrenador y facilitador en talleres con grandes audiencias.

El Dr. Meir cuenta con una gran carrera en el mundo de la investigación, con 28 años de trayectoria como entrenador y coach en Desarrollo del Potencial Humano, ha logrado destacarse en Argentina y en los Estados Unidos. Como trainer de trainers, educador y líder de seminarios; ha entrenado a profesionales, liderado workshops para parejas, matrimonios, consultoría y adiestramiento en diferentes instituciones.

Reconocido internacionalmente por su papel de liderazgo en el Desarrollo del Potencial Humano, Michael integró en su práctica el Método Rivka para Detener, Prevenir y Revertir

Enfermedades y Conflictos, el cual desarrolló junto a su esposa, (Rivka Bertisch Meir 1941-2014).

En su trayectoria académica en USA ha sido Decano de la División de Ciencias y Tecnologías para la Salud de TCI College en New York, College fundado hace más de un siglo por el laureado Premio Nobel, Guglielmo Marconi. (Este College ha cerrado sus puertas en 2016)

Ha sido profesor de Touro College, en las áreas de Psicología y en el programa de Physician Assistant y en la División de Estudios Generales.

En Argentina fue co-fundador de la Fundación R. Bertisch "Para el Desarrollo del Potencial Humano". Ha sido una figura clave en el desarrollo del Instituto R. Bertisch. Se desempeñó como Vice-Presidente y Entrenador de Synergistics International, Argentina; Profesor en escuela de consejeros de la Fundación R. Bertisch; Co-Entrenador del Ministerio de Relaciones Exteriores (Argentina). Michael ha realizado workshops de capacitación empresarial para muchas cámaras de comercio, incluyendo la de New York State Hispanic Chamber of Commerce y muchas organizaciones privadas y gubernamentales.

Sus especialidades se despliegan en el campo de la concientización y en el Desarrollo del Potencial humano, enfocado a todos los niveles de la actividad humana, sea individual, familiar, grupal, corporativa o institucional.

www.drmichaelmeir.com

www.ingramcontent.com/pod-product-compliance
Lightning Source LLC
Chambersburg PA
CBHW050250220526
45465CB00002B/621